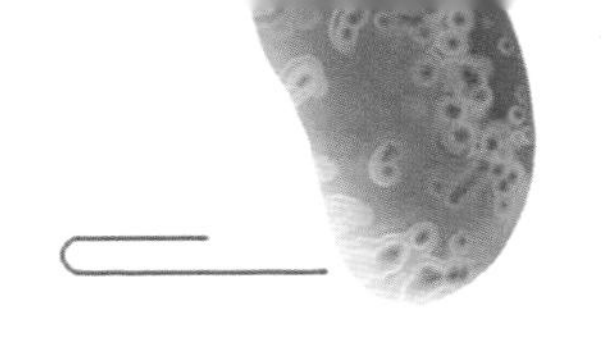

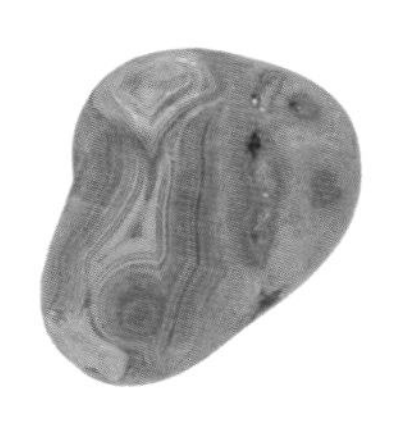

徐洪河　朱　磊　张　磊——编

通　灵　宝　玉

中国科学技术大学出版社

内容简介

这是一本手账式的轻科普读物，既展示了美丽的雨花石之质、韵、色、纹、结构及形成、收藏历史等，着重对化石雨花石进行了讲解，同时也使读者在这本有穿越时空感的手账中，边回味雨花石的前世今生边记录自己当下的光阴。

现代古生物学和地层学
国家重点实验室
提供资助

图书在版编目（CIP）数据

石头记：通灵宝玉／徐洪河，朱磊，张磊编．—合肥：中国科学技术大学出版社，2020.6
ISBN 978-7-312-04655-1

Ⅰ．石… Ⅱ．①徐… ②朱… ③张… Ⅲ．雨花石—介绍—南京 Ⅳ．TS933.21

中国版本图书馆 CIP 数据核字（2019）第 098540 号

责任编辑：高哲峰
装帧设计：黄　彦

出版：中国科学技术大学出版社
安徽省合肥市金寨路 96 号，230026
http://press.ustc.edu.cn
https://zgkxjsdxcbs.tmall.com

印刷：安徽国文彩印有限公司
发行：中国科学技术大学出版社
经销：全国新华书店
开本：787mm × 1092mm 1/32　印张：7　字数：42 千
版次：2020 年 6 月第 1 版　印次：2020 年 6 月第 1 次印刷
定价：52.00 元

姓名：

电话：

邮箱：

备注
月 日

日
日
日

年　　月　　日

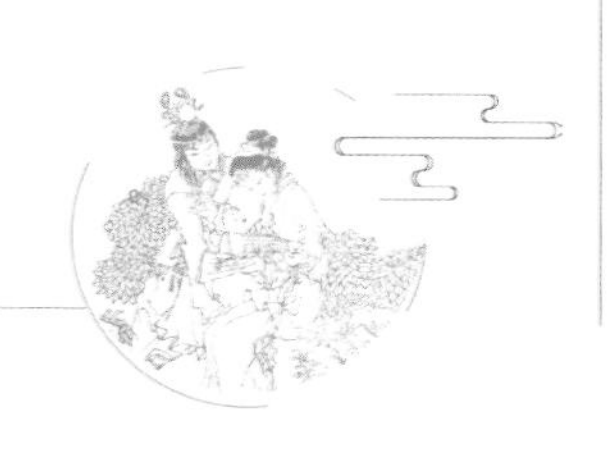

国人藏石、赏石、爱石的文化自古有之，石之美好者被称为玉。

玉石文化是中国传统文化中不可或缺的部分。

一部千古奇书《红楼梦》更是将玉石文化发挥到了极致。

《红楼梦》又名《石头记》，就是从一块女娲补天用的弃石展开叙述的。这弃石，既是一块顽石，也是一块通灵的宝玉。

玉与石的隐喻贯穿了整部《红楼梦》，其点睛之笔就是众所周知的通灵宝玉。

《红楼梦》中关于通灵宝玉有如下的描述：

嘴里便衔下一块五彩晶莹的玉来，上面还有许多字迹，就取名叫作宝玉。（第二回）

托于掌上，只见大如雀卵，灿若明霞，莹润如酥，五色花纹缠护。（第八回）

（贾宝玉：）“什么捞什骨子，我砸了你完事！”偏生那玉坚硬非常，摔了一下，竟文风没动。（第二十九回）

月　日

备注

月　日

通灵宝玉究竟是什么呢？

竟然引得无数专家、学者、藏家、玩家都竞相追求，渴望得之。

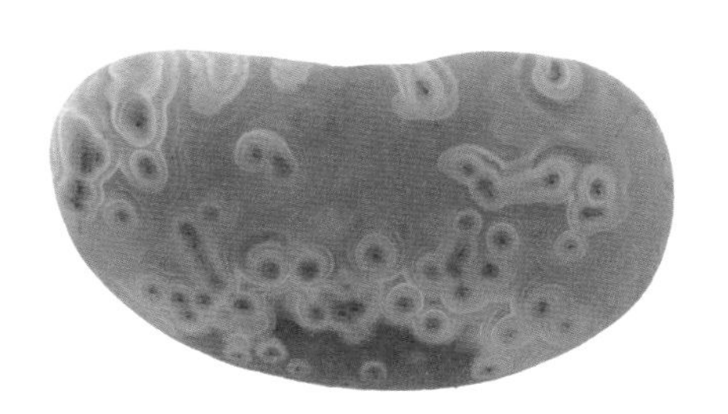

通灵宝玉之谜

备 注
月 日

根据《红楼梦》里的描述，可以总结出通灵宝玉的特点：

(1) 大小适中，适合把玩（大如雀卵）；

(2) 绚丽多彩，晶莹剔透，质地凝润（灿若明霞，莹润如酥）；

(3) 有画面或缠丝现象（五色花纹缠护），也有形似字迹的纹路；

(4) 质地坚硬（摔而不坏）。

显然，通灵宝玉应该是某一种石。纵观地质上的各种岩石，并从收藏和欣赏的角度看，能够兼具这些特点的，只有雨花石了。再结合《红楼梦》的创作背景，可以判断，通灵宝玉很可能就是**雨花石**。

据传说，在1500多年之前的梁代，有位云光法师在南京南郊讲经说法，感动了上天，落花如雨，花雨落地为石，故得名雨花石。

雨花石是主要成分为石英（二氧化硅）的砾石。二氧化硅家族庞大，非常普遍，形态多样。显晶质的二氧化硅形成的晶体较为多见，比如，顶端尖锐、整体呈六方棱柱状的水晶，海边、河边的细小沙粒。

紫色的呈多边形外形的石英（二氧化硅）晶体被胶结在雨花石中。

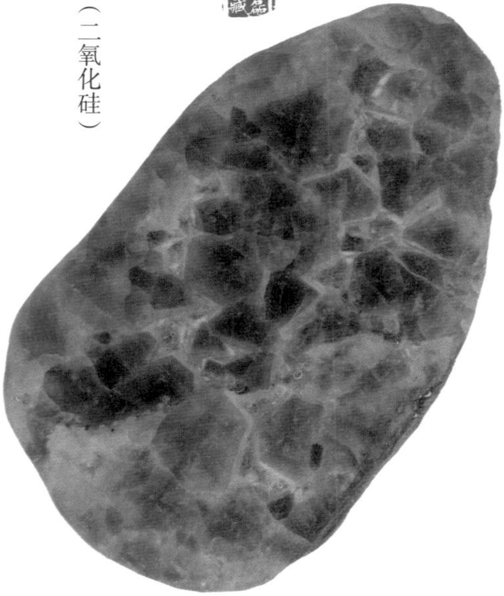

雨花石中的石英大多数是隐晶质的，所谓的隐晶质，就是肉眼无法看出矿物的晶体形状来。常见的隐晶质石英往往是各种各样的二氧化硅水合物，它们的内在成分都一样，都是二氧化硅和水，而外在形态则多种多样，从而形成了玛瑙、蛋白石、玉髓等等。它们质地坚硬，不溶于水或常见的酸，只有氢氟酸那种强酸才能腐蚀。

天然的几何形状的
交融与碰撞。

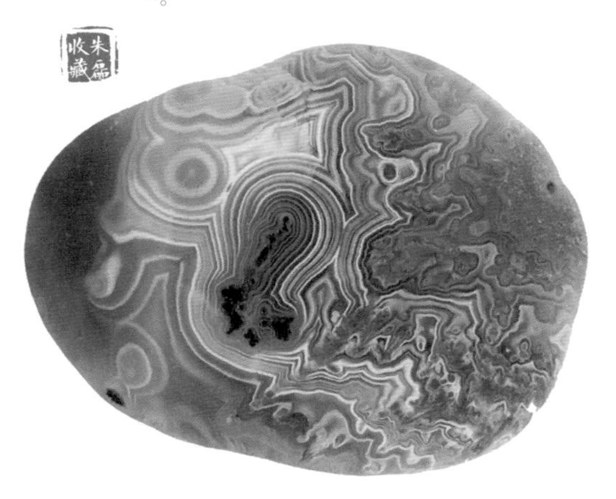

月　日

备注

隐晶质的石英，由于内部水合物含量不同，而呈现出通透的渐变色调，由乳白到灰白，再到透明。

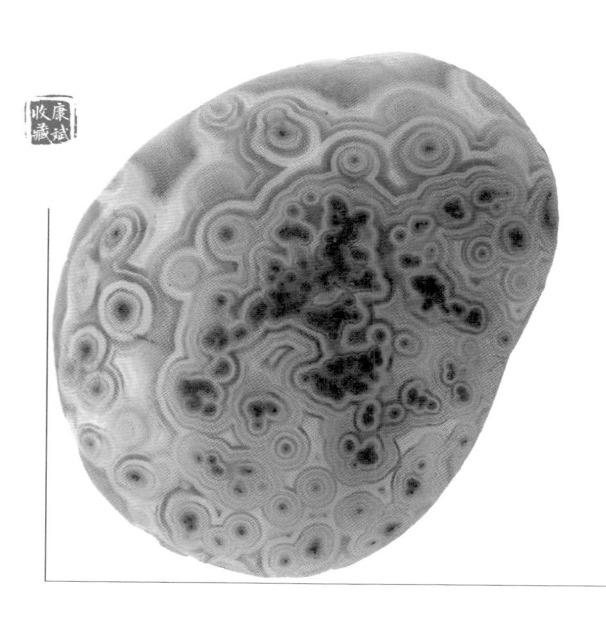
康斌收藏

凡是具有平行纹路或同心环状结构的雨花石，都被称为玛瑙。成色不同的玛瑙在雨花石中极为常见。

天雨诸香下帝台，大同天子讲经来。
尚留子石临江活，恰似房花向日开。

（清）徐荣——《雨花石》

有的玛瑙虽然颜色并不多样，却也呈现出色彩的渐变与韵律之美。

月　日
备注

月　日

月　日

备注

月　日

备注

月　日

备注

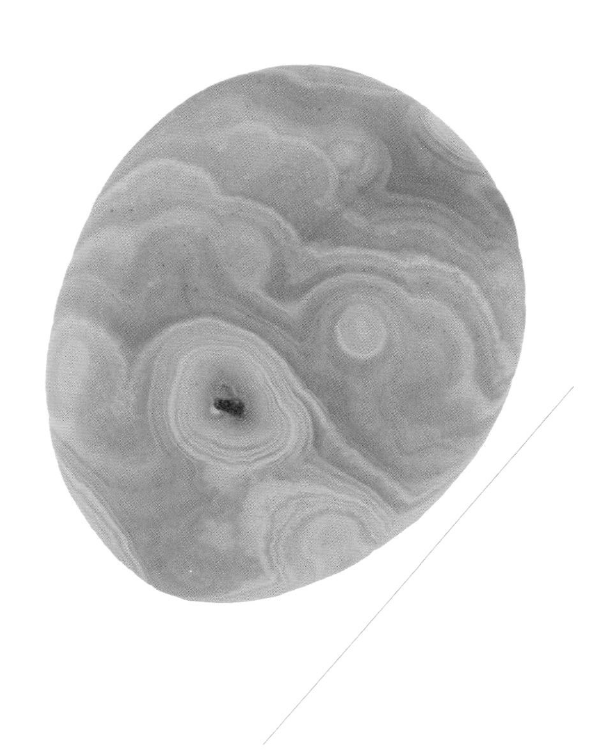

纷纷丝线体现着如同中国山水写意一般的层次与细节。人们欣赏缠丝玛瑙时就像是行走在山水中。

月　日

备注

月 日

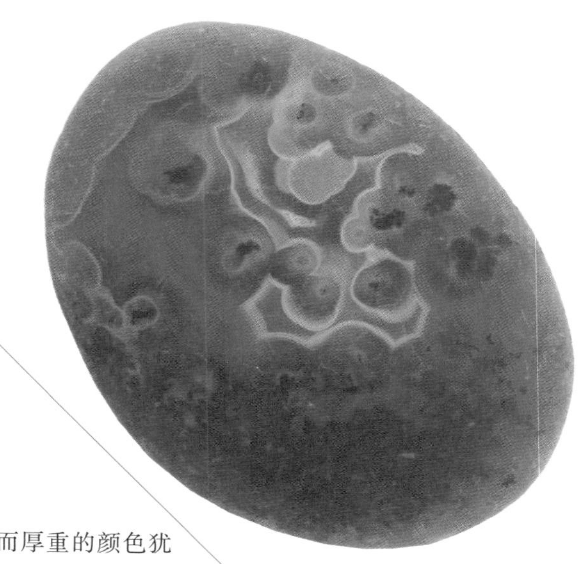

深沉而厚重的颜色犹如中国山水写意画。

年　　月　　日

考古研究发现，在南京地区南北朝时期（420—589年）墓葬中就有了雨花石随葬品。这表明南京人对雨花石的收藏差不多有1500年的历史。自那时起，中国就不乏文人雅士开始收藏和鉴赏雨花石类奇石，甚至创作了很多诗歌和各种传奇故事，至明朝万历年间，集藏雨花石的风气就已形成。到了曹雪芹所生活的清朝时，雨花石对于广大收藏人士已经变得非常普通了。

月　　日		备注	

月　日

雨花石是南京的特产，也是南京的一张城市名片。2014年，南京举办了第二届青年奥林匹克运动会，这次运动会的吉祥物名叫砳砳（lèlè），其形象与灵感均来自雨花石。

备 注
月 日

我们有理由相信,《红楼梦》
的作者曹雪芹在南京生活期间一定
见过雨花石中的各种珍品——包括雨花
石中较为罕见的玛瑙、杂色晶体的砾石
以及保存在雨花石中的各种化石。或许
正是这些美丽的雨花石，触发了他
对通灵宝玉的美丽遐想。

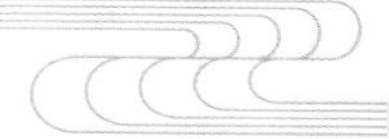

山围故国周遭在，潮打空城寂寞回。
淮水东边旧时月，夜深还过女墙来。

（唐）刘禹锡——《石头城》

江苏省推出的地方标准《雨花石鉴评规范》（简称《规范》）中，明确了南京雨花石自己的“身份证”。

《规范》从质地、色彩、形态、纹理、呈象、意韵六个方面，将雨花石分成四个等级。

在形态方面，《规范》规定，最大直径≥ 4.5 厘米的为特级，最大直径≥ 4 厘米的为一级，最大直径≥ 3.5 厘米的为二级，最大直径≥ 3 厘米的为三级。

在色彩方面，雨花石分为单色和复色。单色雨花石颜色越纯正、越艳丽、越稀有，越好；复色雨花石颜色越多越好，可表达的内容比较丰富、和谐。

看到这些规范，是不是感到很熟悉呢？《红楼梦》中“大如雀卵，灿若明霞，五色花纹缠护”的通灵宝玉似乎只是二级或三级的复色雨花石呢！

缤纷多彩、包罗万象的雨花石世界中既有富于各种色彩和纹理的玛瑙等奇石，也有展示沉积结构的砾石，还有矿化保存了远古生命的各种化石。因这独具的魅力，雨花石备受人们的青睐和喜爱。

收藏家最喜爱、最乐于把玩的是“巴掌石”，这样的雨花石每个直径都在3–8厘米，大多数在5厘米左右。

一颗颗小小的雨花石呈现着大千世界的绚丽，也定格了漫长地质历史过程中一个个精彩的瞬间。透过雨花石，我们能看到大自然的神奇与鬼斧神工。

月　日

备注

月　日

年　　月　　日

雨花石的色彩与斑纹往往是由不同的矿物成分引起的。黑色与橙黄交错密集排布，构成一种绚丽的斑点结构，仿佛星云密集的浩瀚宇宙。

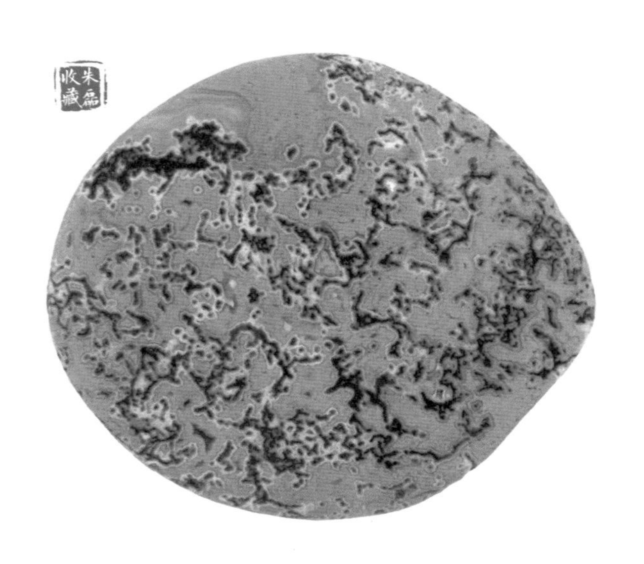

赤色的似铁锈的结构，可能是富含铁质的结果。它那鲜艳而亮丽的色彩别具特色。

扬州贡瑶琨

孔丘——《尚书·禹贡》

备 注
月 日

日
日
日

看起来像是生长在石头上的苔藓，其实是岩石内部结构的呈现。岩石中所有的颜色皆由矿物成分的不同所致。颜色不规则分布则是因所含的不同的矿物晶体分子各自生长而形成的。

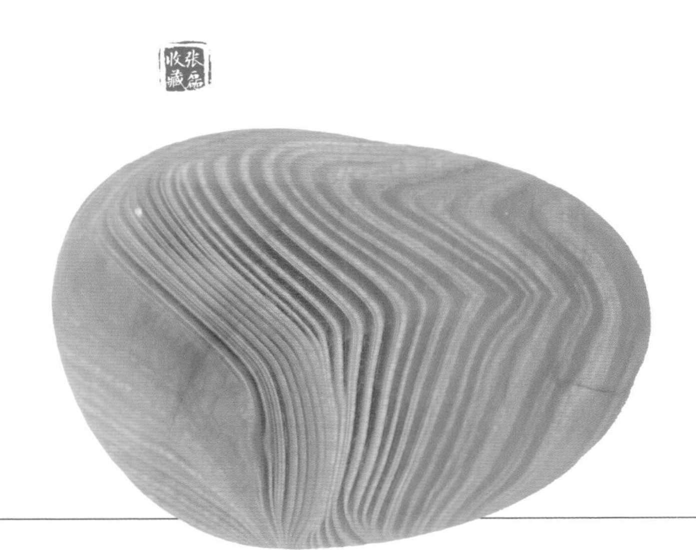
张磊收藏

由于玛瑙中含有不同种的矿物质而呈现出丰富多彩的条纹，有很好的观赏性，因此常常作为宝石而被商业性开发和利用。而蛋白石和玉髓在矿物成分和色彩上相对来说要纯粹一些，看起来更加莹润细腻。

缠丝玛瑙中的环纹带着韵律感，有时也会构成一定的图案。多条丝线围绕环抱着一处清澈区域，仿佛有一潭湖水在荡漾。

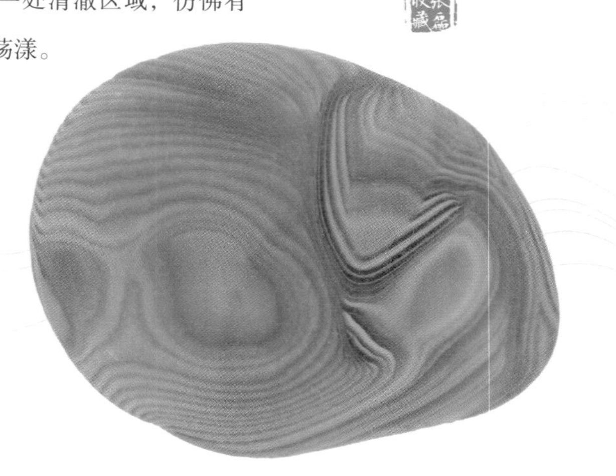

玉与玛瑙所不能及，故足贵也。

——（明）孙国敉《灵岩石说》

多种颜色以丝带形式相间缠绕的一种复色缠丝玛瑙，其相间色带细如游丝，每一丝都清晰可辨。

月 日
备 注

张磊收藏

玛瑙类雨花石中的条纹结构常常可见到非常细致的纹理，如同丝线缠绕，这样的美石有时被冠以缠丝玛瑙的名称。

备 注
月 日

月　日

日

日

年　　月　　日

在长江中下游地区，沿着长江两岸的狭长地带，广泛分布着一套地层。这套以砂岩和砾岩为主的地层，是地质历史时期古长江冲积以及河道不断变动所形成的，属于典型的河流相沉积体系。它们看起来较松散，其中的砾石磨圆良好，成分单一，以燧石和花岗岩居多。

这套砂砾层向西可以追溯到湖北宜昌，而最下游就在南京、镇江一带。它们在不同的地区各有独特的名称，如"宜昌砾岩""阳逻砾岩""安庆砾岩""雨花台砾岩"等等。"雨花台砾岩"层就是著名的"雨花台组"地层，在南京、镇江和扬州地区分布广泛，因而这些地方盛产雨花石。

雨花台组砾石层上部常常被玄武岩所覆盖，偶尔也夹杂有玄武岩的夹层。对这些玄武岩进行的放射性同位素测年研究显示，玄武岩的沉积时代为新近纪（始于2400万年前）早期或更早。这也表明，贯通东流的长江水系在古近纪与新近纪之交（约2400万年前）就已经形成。

月 日
备注

月 日

这是南京市长江以北的六合区产有雨花石的砾岩地层。这些砾岩和粗砂岩的沉积物是长江古河道冲积的结果，这些沉积物的中间层具有斜层理结构，它们呈楔状与相邻地层交错。斜层理是河流沉积所形成的一种典型结构。

雨花台石，聚宝山出。

《一统志·南京》

备 注
月 日

月　日

月　日

日

雨花台组的砾岩层看起来相对松散，岩层的倾角接近水平，这表明长江古河道沉积均匀而稳定。晴朗的日子里可以清楚地看到地层的沉积结构，而下雨天则是捡石头的好天气，很多美丽的雨花石会被雨水冲刷下来。

雨花台组的砾岩地层中被雨水冲刷下来的雨花石堆积，常含玛瑙和多种石英质的砾石。

南京雨花台组砾岩层中经常可以找到具有平行纹路的玛瑙质雨花石。

雨花石表面圆滑，极少有棱角，这是砾石在地质历史时期经过流水的不断冲刷且彼此不断打磨的结果。

月　日		备注	

石
年 月 日

雨花台上雨花干，野色江光入座间。

（明）文徵明

康斌收藏

同心环状结构在各种砾岩类沉积岩中极为常见，比如我们所熟悉的玛瑙。砾石的同心环结构是由矿物晶体的生长而形成的。矿物就像生物一样，只要条件稳定就可以进行有规律的生长。特定矿物围绕着一个结晶核逐渐富集，不断增生壮大，这就是晶体的生长过程。而结晶核可能是某种杂质或其他的外来颗粒物，它们与构成那些同心环的矿物在结构与成分上均不相同。

备注
月 日

日

日

日

玛瑙的缠丝中有时也会混杂有一定的杂质，这些杂质可能是雨花石沉积环境中的微尘，也可能是在漫长地质历史时期与二氧化硅晶体相伴相生的尘埃。

沉积岩其实是多种岩石的混合体，各种各样的砾石颗粒来自不同的地方，在地球地质进程中的沉积作用之下糅合胶结在一起，所有的砾石在这个沉积过程中彼此摩擦、碰撞，艰难地想要保持着自己的棱角，最终却又被更细更黏稠的颗粒物所胶结，在沉积作用的巨大熔炉与江湖环境中合而为一。

月　日

备注

有的沉积岩所裹挟的小砾石颗粒成分和来源一致，这样的砾石颗粒彼此相互碰撞的概率很小，使每颗小砾石都保持了明显的棱角，在新的大环境中营造出另一种和谐之美。

从雨花石中小小的砾石上也可以看到地质作用的漫长过程。斑斑点点，起起伏伏，伟大的沉积作用，让所有的喧嚣归于平静。这颗小小的雨花石展示了不同密度颗粒物的沉积过程。

月　日		备注	

月　日

地质学有个术语叫做断层。岩石层因受力达到一定强度而发生破裂，并沿破裂面有明显相对移动的构造就是断层，破裂面之上是断层的上盘，破裂面之下是断层的下盘。这颗小小的雨花石很好地诠释了断层。水平结构是岩石层结构，透过中央倾斜的破裂面，可以明显看出两侧岩石层的错动情况，如果使之移动似乎也可以把两侧水平的岩石层再次连接起来。

张磊收藏

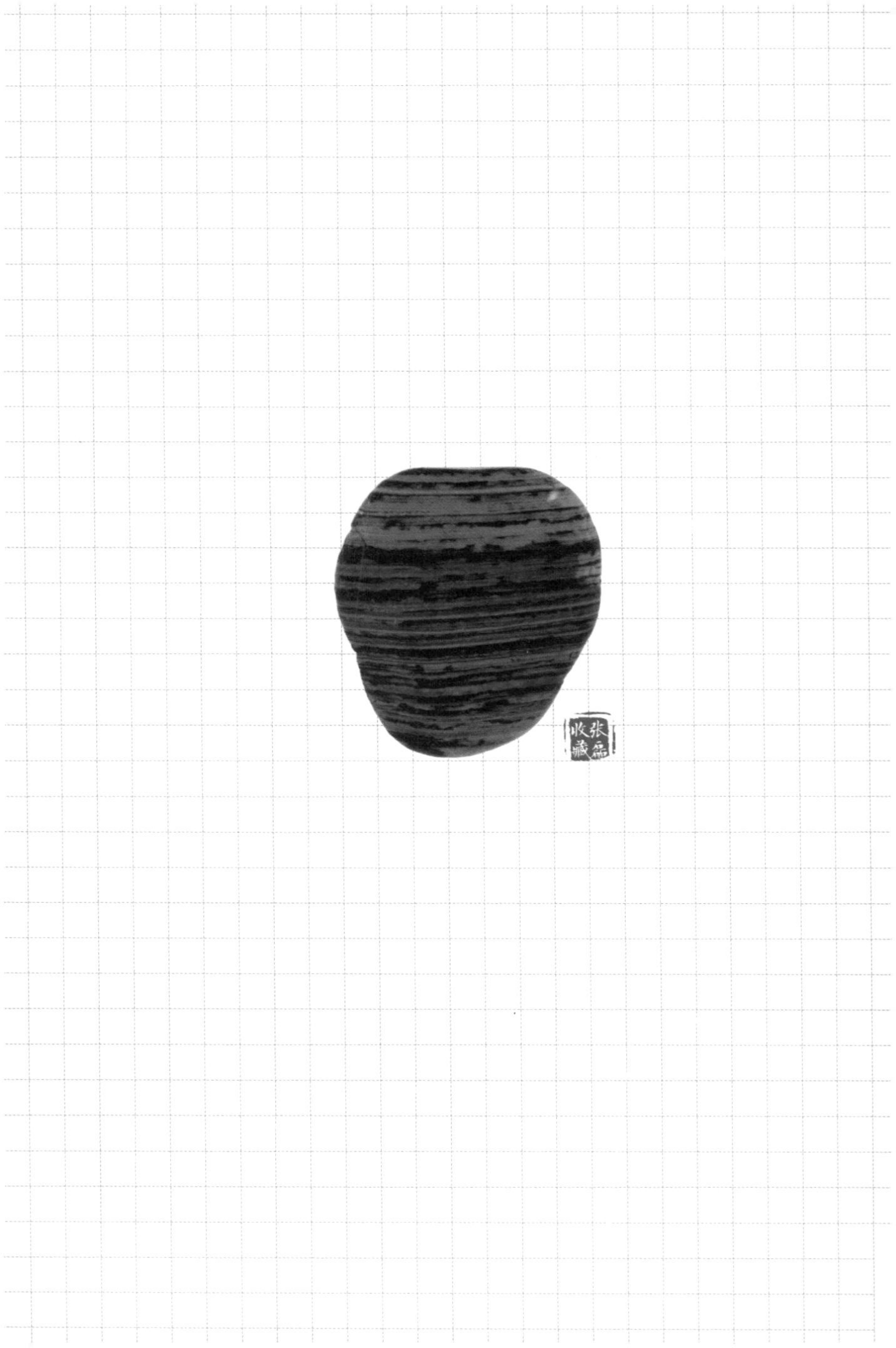
张磊收藏

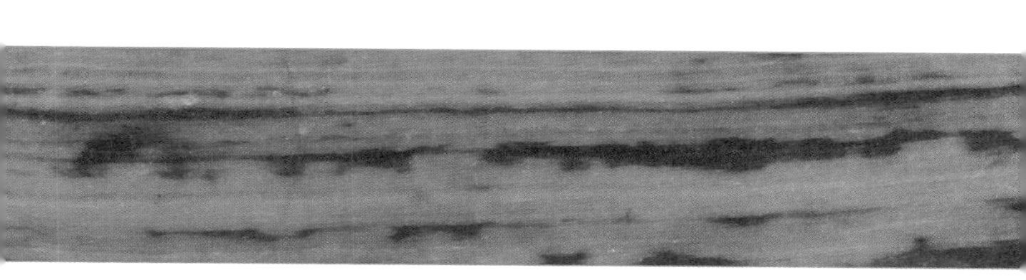

层层叠叠堆积的岩石往往见证了地质历史时期的沧海桑田，在小小的雨花石中也可以见到呈层状的沉积结构，它们也是浩瀚、庞大的地球史卷的微小一页。

月　日
备注

月 日

千岁江，万年风，滴就乾坤难老松。
石玲珑，夺巧工，帷幔重重，觅个相思梦。

（清）孔尚任——《六合石子》

目前已经在雨花石中发现多种化石，有植物化石，如辉木、芦木、竹以及一些未知的蕨类植物，有动物化石，如珊瑚、头足、海绵、有孔虫等。包含有化石的雨花石均可称为化石雨花石。

年　　月　　日

化石雨花石之蕨类植物

雨花石里保存的蕨类植物化石，不规则圆形结构是蕨类植物的根或根迹，每个圆形中央的黑色区域是植物体的维管束，它是植物体内输导水分的组织

备注
月 日

日
日
日

蕨类植物的根往往细小而密集分布。现代热带地区生活的树蕨具有类似的结构。硅化的植物体是以三维形式保存的，雨花石圆滑的外表往往呈现出不同角度的切面。多条根的横切面呈现出多个圆形，而斜切面就会呈现出椭圆或其他不规则形状。

化石雨花石之蕨类植物

备 注
月 日

蕨类植物的根部结构。在每条根内部都可见到中央维管束组织。

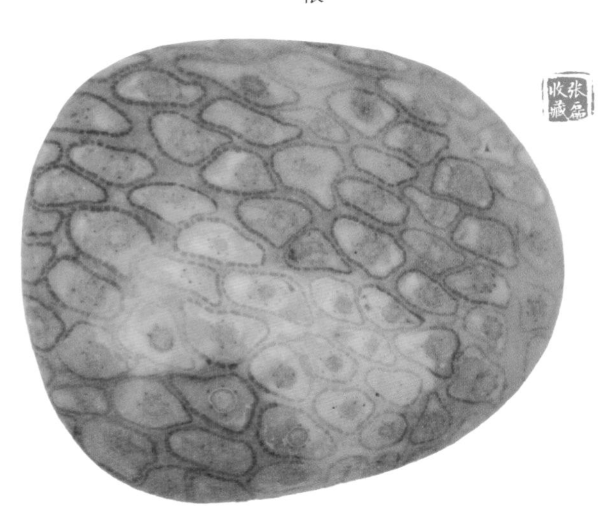

备注

月 日

日
日
日

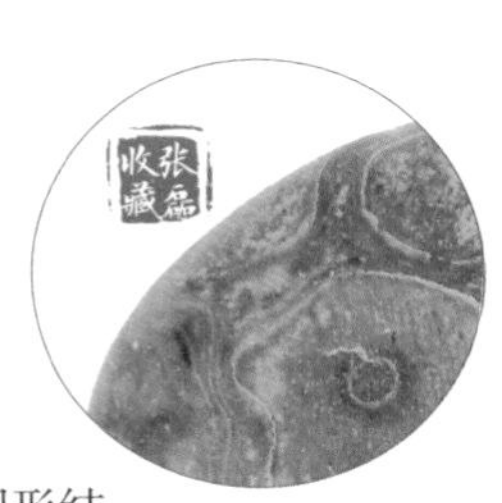

雨花石中可能的蕨类植物化石。圆形结构可能是蕨类植物单独的根，这颗化石所代表的植物较为罕见。

化石雨花石之蕨类植物

雨花石中硅化保存的蕨类植物茎干横切面。在植物茎干的中央部分，每个维管束组织呈不规则的长条形。从现代的紫萁类植物茎干横切面上可以看到类似的内部结构。

月 日
备注

张磊收藏

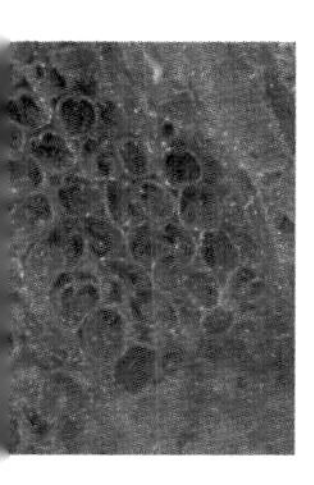

蕨类植物繁殖部分的硅化保存化石。每个单独的椭圆形结构都代表了单一的孢子囊。这些孢子囊可能位于蕨类植物体叶子的背面，由于化石的埋藏作用，植物体的叶完全矿化了。在现代真蕨类植物叶的背面能看到大量孢子囊所构成的囊群，其结构与此类似。

石

年　　月　　日

在《红楼梦》中，“石”或“玉”指贾宝玉，而“木”则指林黛玉。后者曾是灵河岸上三生石畔的绛珠仙草，受天地精华，得甘露滋养，遂脱了草木之胎，幻化成人形。金玉良缘是通灵宝玉的美好喻意，而木石前盟却是终究意难平的遗憾。

木石前盟是《红楼梦》中的一段未了缘，却是对硅化植物化石最美好、最诗意、最具艺术性的概括，草木只有与石结盟，化作石，才能变柔弱为不朽。

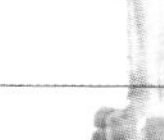

月　日		备注	

月 日

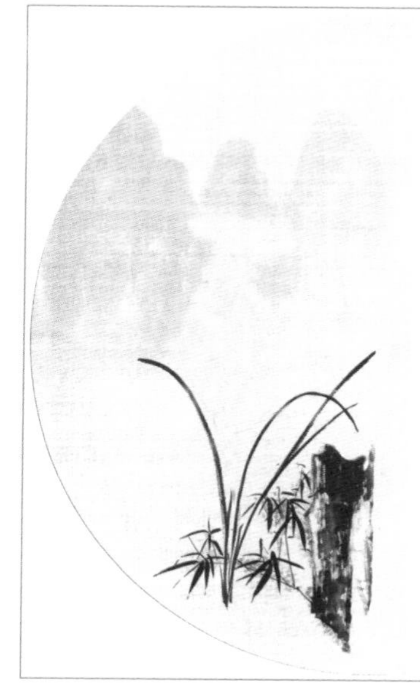

雨花石均以砾石的形式保存，块体小，因此其中的植物化石往往仅仅保存了植物体的局部。但是通过小小的雨花石植物化石，我们依然可以欣赏到植物组织细胞的细节，可以看到矿化的植物结构，也得以窥见遥远地质时代中草木生长的情形。这不正是草木与岩石最完美的“前盟”吗?

备 注
月 日

日

日

日

月　日

备　注

月　日

备　注

月　日

备　注

雨花石中的竹化石。
竹茎内部中空的节间部分。

月　日		备注	

月　日

石

年 月 日

雨花石中保存的可能代表了一种节蕨类植物的茎干横切面。外围环状部分是维管束组织中的木质部，这些木质部细胞呈放射性排列。茎干横切面的中央部分是空腔，但是在形成化石的过程中被石英填充。中央的纺锤形部分是因不同矿物成分填充而形成的自然形状，并不是生物结构。

备注

月 日

雨花石中节蕨类植物的矿化结构化石。环状结构显示的是输导组织维管束，其中的木质部细胞呈放射状排列，中央部分是空腔，但是在成为化石的过程中被不同矿物填充。

化石雨花石之节蕨类植物

月 日

备注

雨花石中节蕨类植物的矿化结构。红色的岩石有些类似于某种硅化木化石。

月　　日

备　注

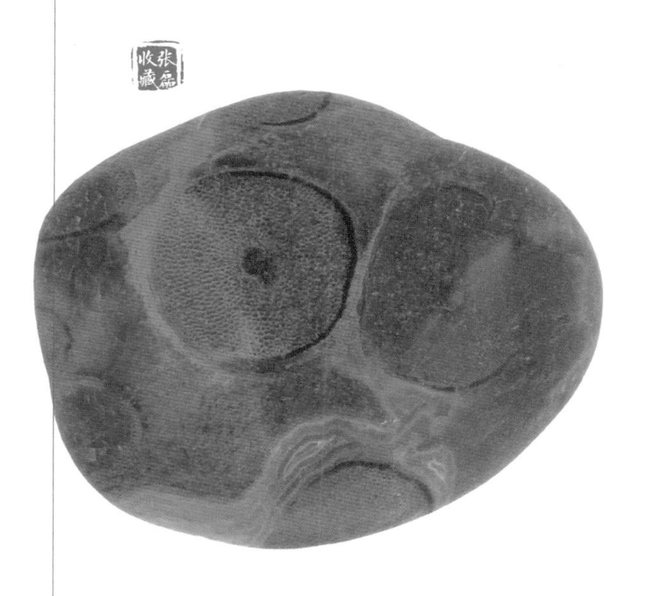
张磊收藏

雨花石中未知的植物化石，可能代表了植物体的输导组织，即维管束组织。

月　日

备注

年　　月　　日

雨花石中硅化的腹足类化石。腹足类是常见的无脊椎类动物，蜗牛和田螺都属于这类动物。腹足类在保存成为化石时，软体部分都已经腐败降解，只有外部螺旋状的硬壳保存了下来。

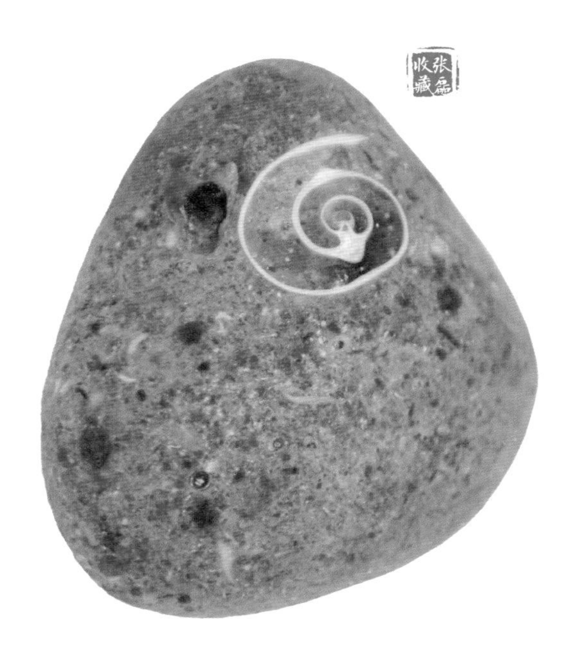

月 日
备注

月　日

月　日

日

雨花石中硅化的腹足类化石。其中还有很多具有钙质壳的生物也保存了下来。腹足类的外壳呈立体的螺旋状，在这颗雨花石中看到的只是单一的切面，不同的切面会展现出腹足类动物外壳不同的螺旋线。

化石雨花石之腹足类动物

月 日

备注

月 日

每条完整的螺旋线或封闭曲线就代表了一个腹足类动物的外壳，看起来似乎是非生物所形成的细致纹理，但是只要仔细观察就会发现每个都具有独特的生物结构。

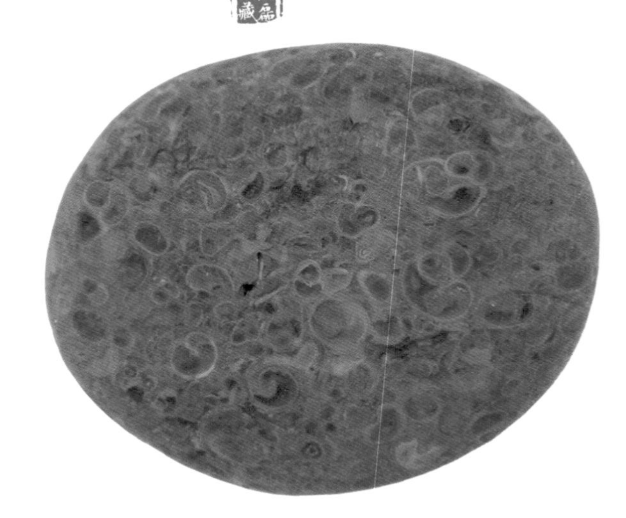

化石雨花石之腹足类动物

备注
月 日

这并不是鸟头，而是腹足类动物壳的一个切面，总体呈螺旋线。雨花石基质的细碎纹理被称为“指甲纹”。这种又细又短的线条所构成的纹路可能是砾岩在沉积过程中形成的。指甲纹是识别雨花石的外部特征之一。

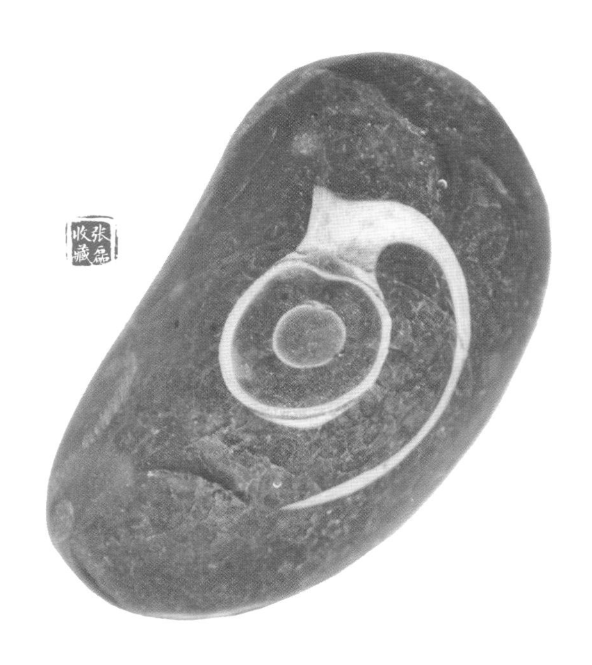

月　日

备注

月　　日

年　　月　　日

蜓是一种浮游型有孔虫类的原生动物。有孔虫是非常古老的原生动物，5亿多年前就生活在海洋中，至今仍然种类繁多。由于有孔虫能够分泌钙质或硅质形成外壳，而且壳上有一个大孔或多个细孔以伸出伪足，因此得名有孔虫。有孔虫主要以硅藻、菌类或比自身更小的生物为食，有孔虫也是其他大多数海洋生物重要的食物来源。

备 注
月 日

月　日

日

日

䗴类是石炭纪和二叠纪时期非常繁盛的一种有孔虫，它们个体微小，身长通常都不足 1 厘米，有些种类稍微大些。常见的䗴类化石呈椭球形，形似纺锤。中国最早研究䗴类化石的地质学家是李四光，他在 1927 年就研究了䗴类化石，䗴的名称也是他提出的。

化石雨花石之蜓

张磊收藏

雨花石中的䗴类有孔虫化石。

月　日

备注

日
日
日

月　日		备注
月　日		备注
月　日		备注

雨花石中单一的蜓类有孔虫化石。

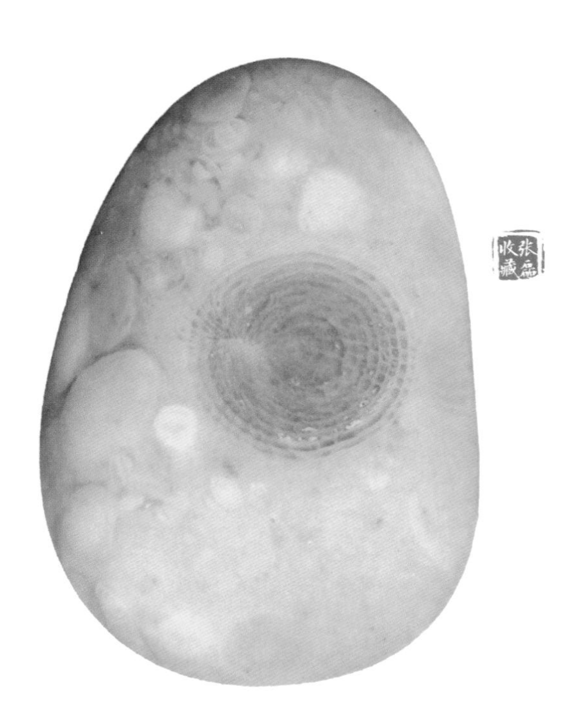

年　　月　　日

雨花石中的珊瑚化石。规则的网格代表了珊瑚的骨架。

月　日

备注

月 日
备注
月 日
备注
月 日
备注

雨花石中的珊瑚化石。珊瑚大多是群体生活。在群体的珊瑚中经常可以获得这样的切面。

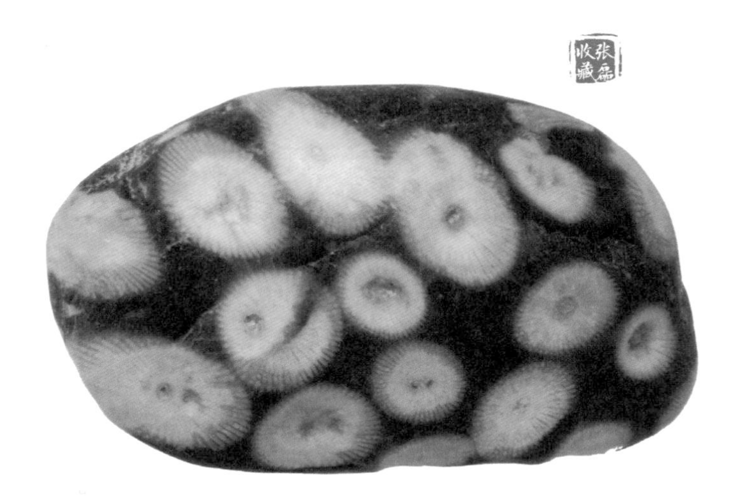

年　　月　　日

月　日

备注

月　日

备注

月　日

备注

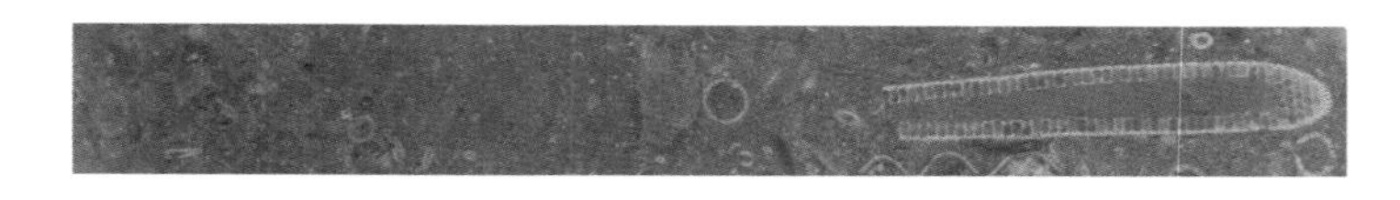

雨花石中具有未知壳体的生物化石。

化石雨花石之未知壳体

备注
月 日

月　日

日

日

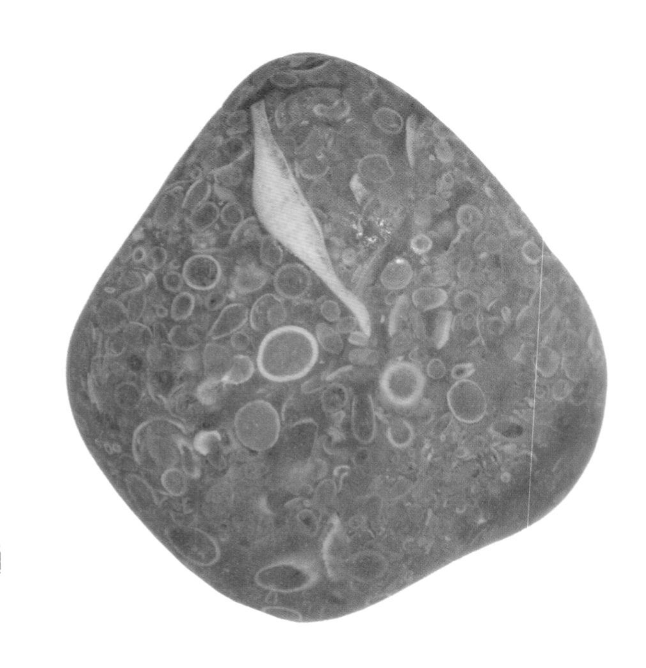

雨花石中具有未知壳体的生物化石。

月　日
备注

年　　月　　日

化石雨花石之生物遗迹

月 日

备 注

日
日
日

鲕粒。在地质学上将常见的微小而密集排布的卵圆形环结构称为鲕粒结构。鲕就是鱼子，顾名思义，这种岩石结构有点像是密布的鱼子。常见的鲕粒岩有石灰岩和硅质岩。最近的研究工作表明，鲕粒岩是微生物作用下所形成的一种结构，它本身不是生物，却是由生物作用而产生的，是广义上的生物遗迹化石。

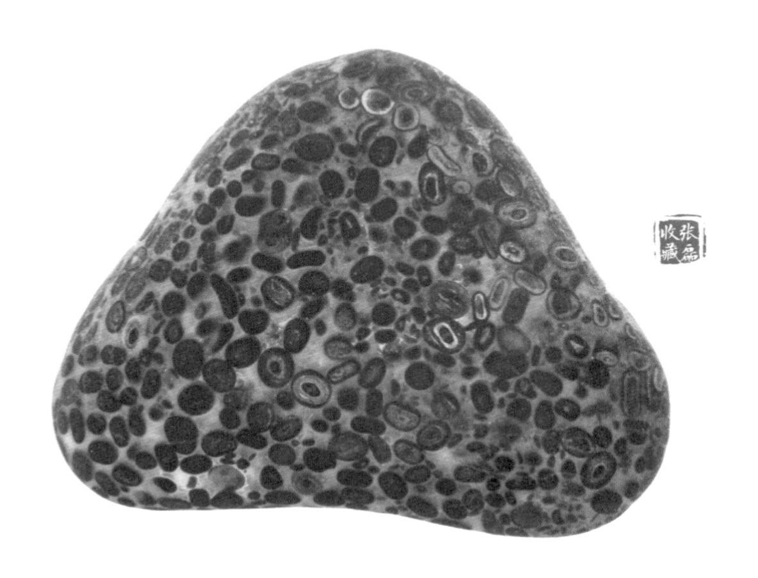

月　日

备注

月　日

备注

月　日

备注

鲕粒结构中，每个鲕粒的细微形状都不一致，岩石基质可能因不同的矿物成分而呈现不同的颜色。

康斌收藏

月 日
备 注

月 日
备 注
月 日
备 注
月 日
备 注